SDGs主題繪本

自來水從哪裡來？

百木一朗——著　談智涵——譯

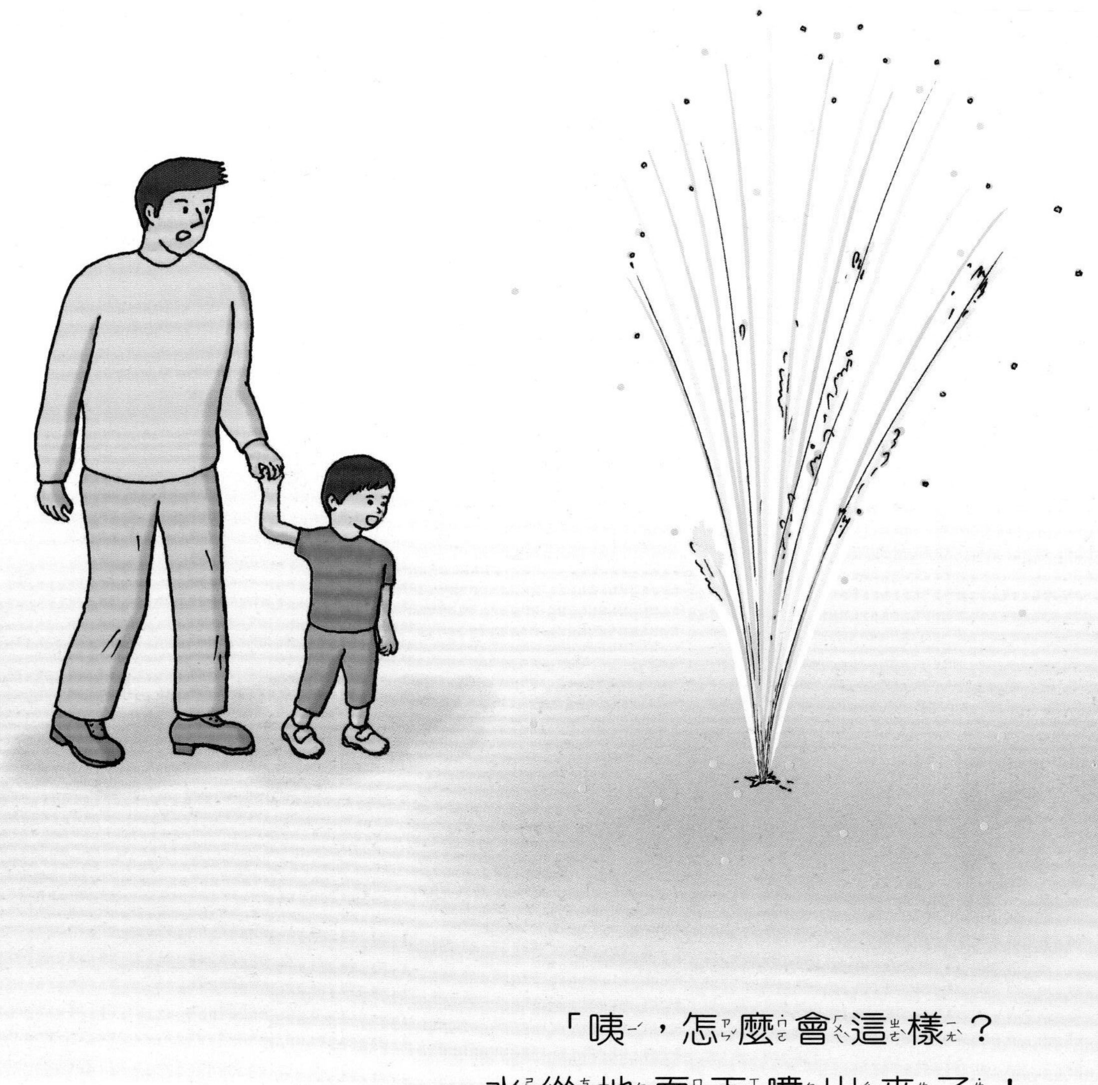

「咦，怎麼會這樣？
水從地面下噴出來了！」

「一定是自來水管破了個洞，水才會噴出來吧。」

「什麼是自來水管？」

「我們平常用的水，都是從自來水管流出來的呦。」

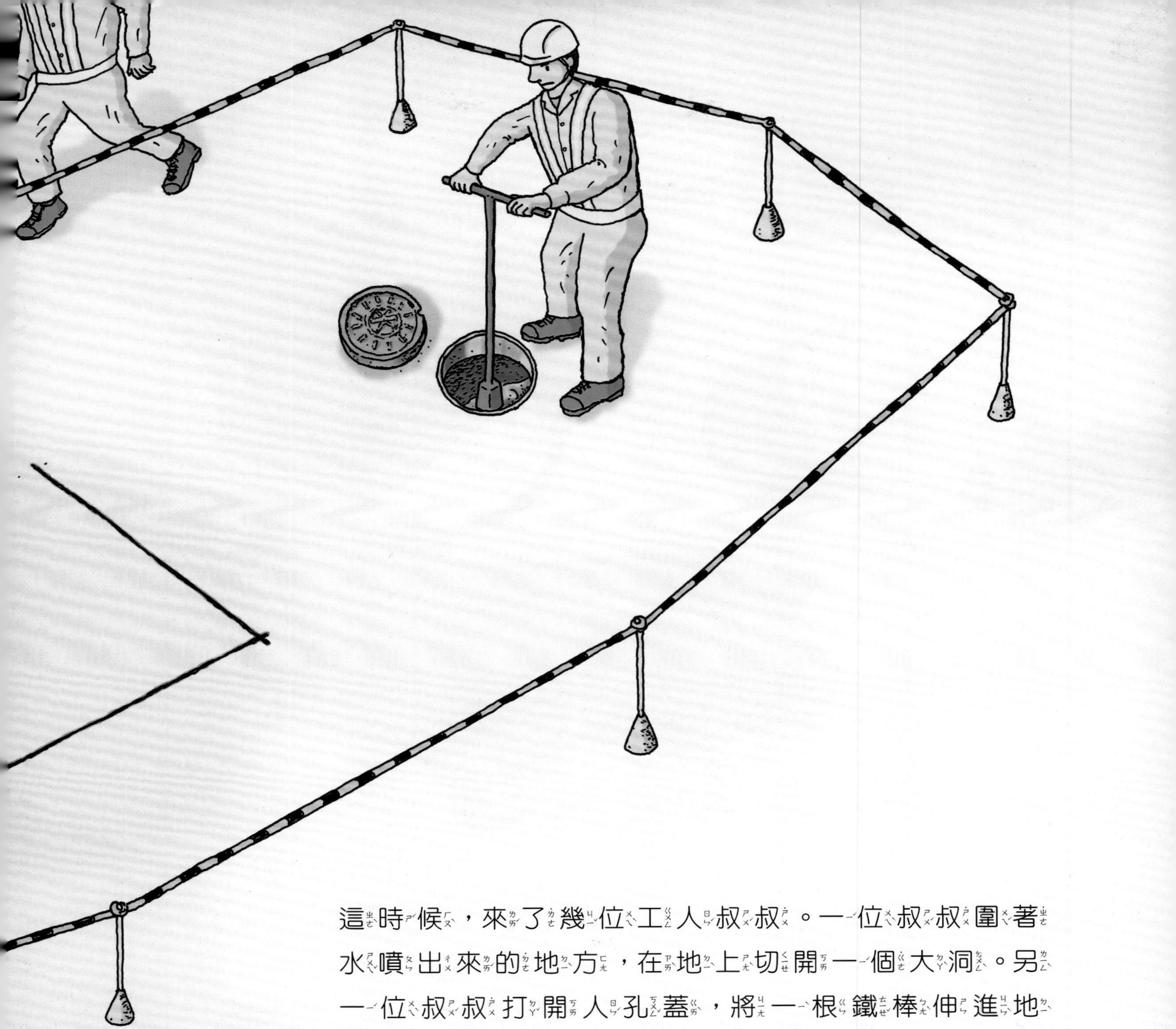

這時候，來了幾位工人叔叔。一位叔叔圍著水噴出來的地方，在地上切開一個大洞。另一位叔叔打開人孔蓋，將一根鐵棒伸進地下轉呀轉，噴出來的水就慢慢變小了。

接下來，工人叔叔挖開地板，
只見粗粗的水管埋在地下。
「這就是自來水管。
多虧了這根水管將水送到很多地方，
大家才有水可以用喔。」

原來剛才施工的叔叔轉動的是自來水管的
止水栓，這麼一來，水就不會再從水管
破洞的地方漏出來，可以開始
修理自來水管了。

水管修好囉。

接下來，自來水又可以順利通過水管了。

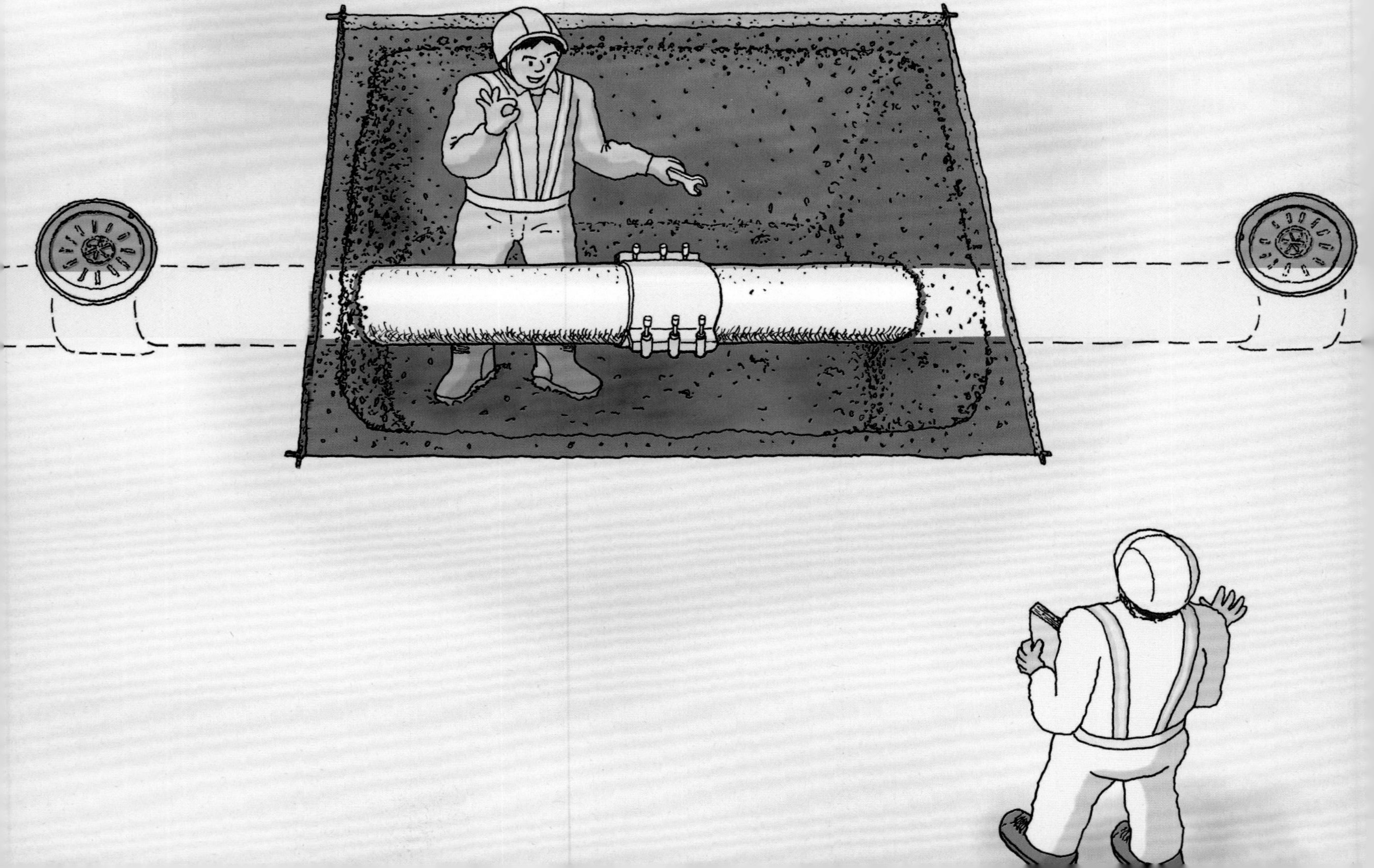

只要打開水龍頭，
水就會從水管流出來。
水，到底是從哪裡來的呢？

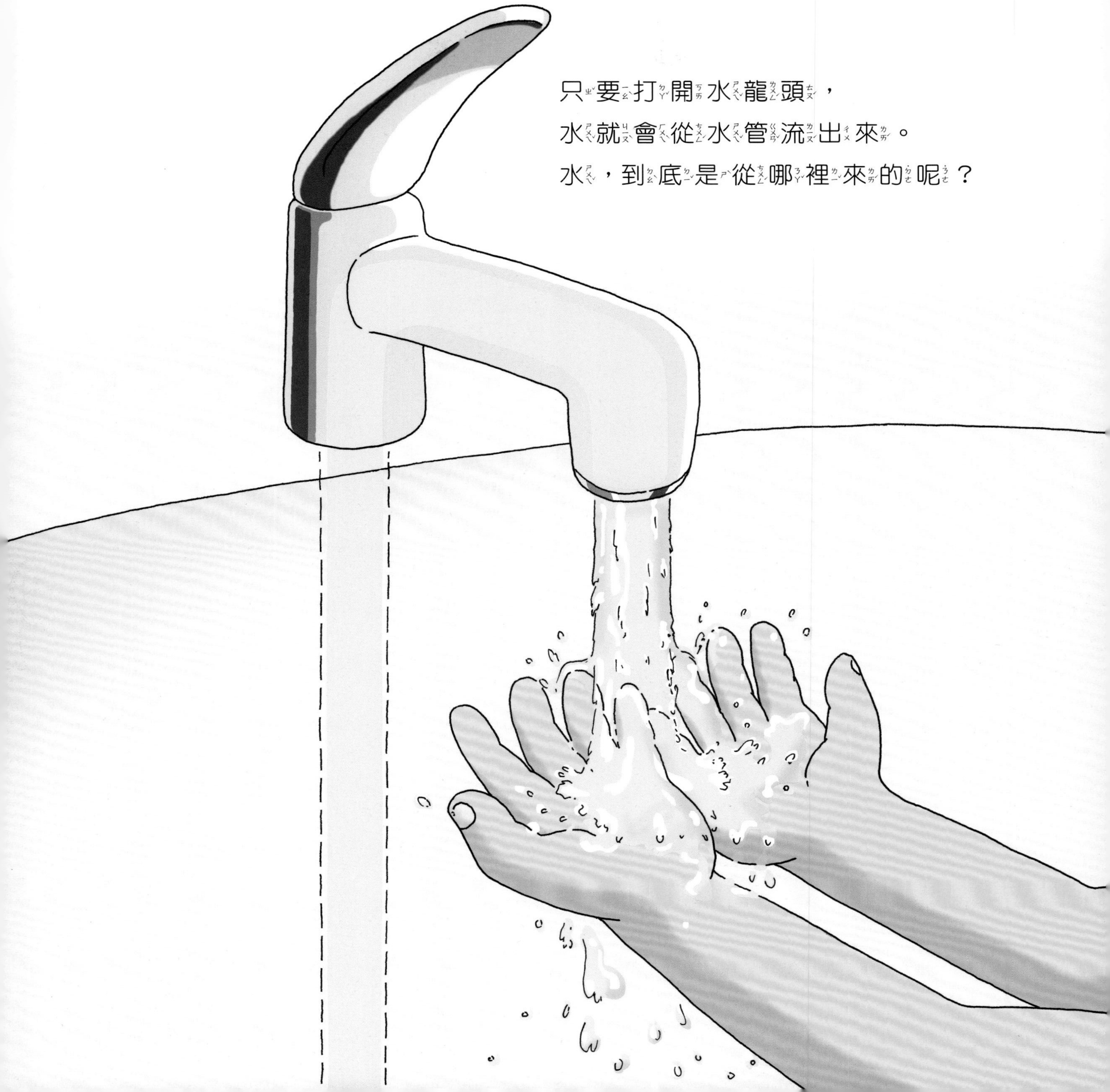

其實，自來水原本是落在山上的雨水，
後來慢慢匯集成河流。

河水會流到淨水場，也就是將河水變乾淨的地方。在這裡處理過的水，通過自來水管流到城鎮裡，就可以讓大家使用了。

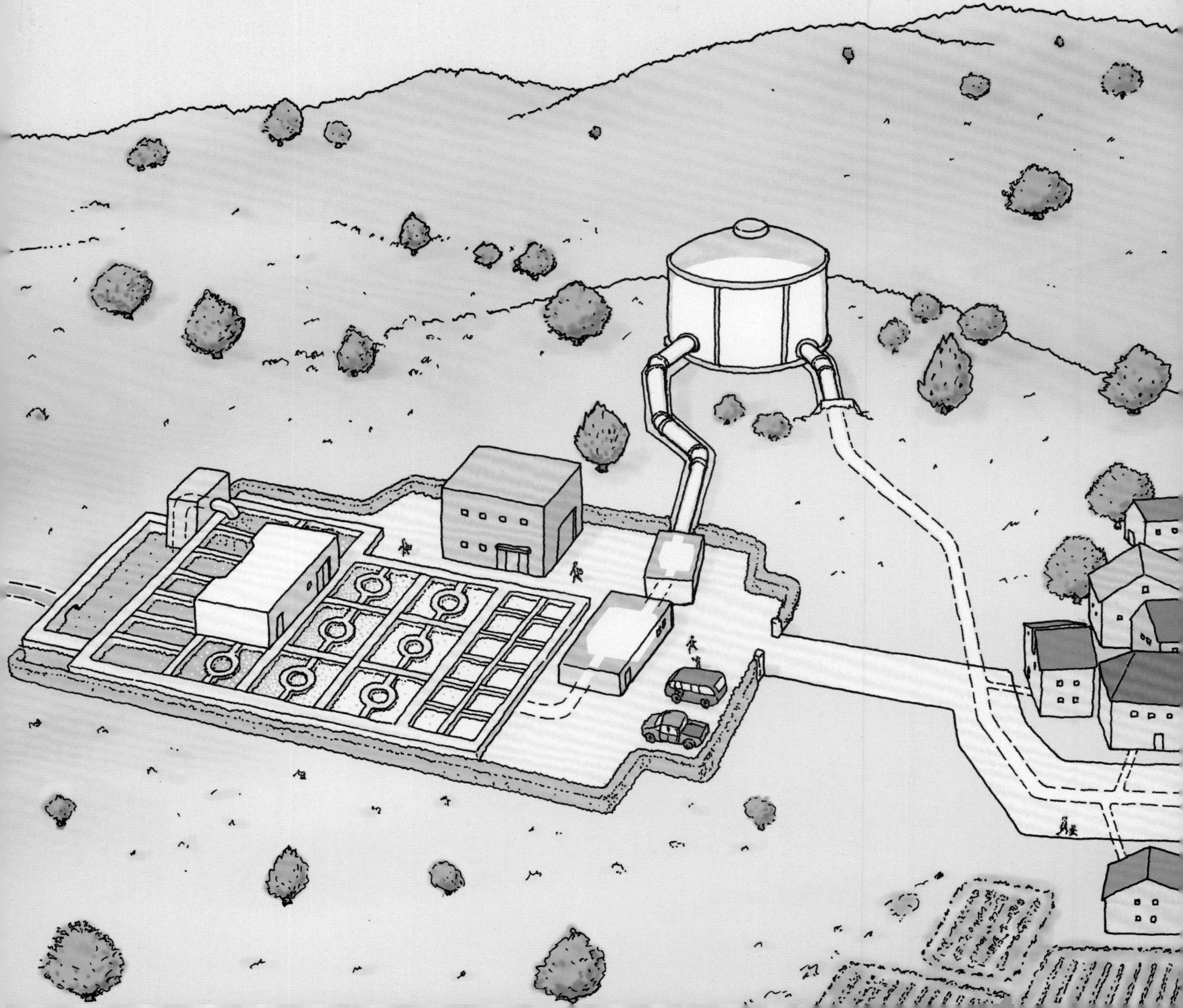

自來水管像樹枝一樣分岔，
將水送到城鎮的每一個角落。

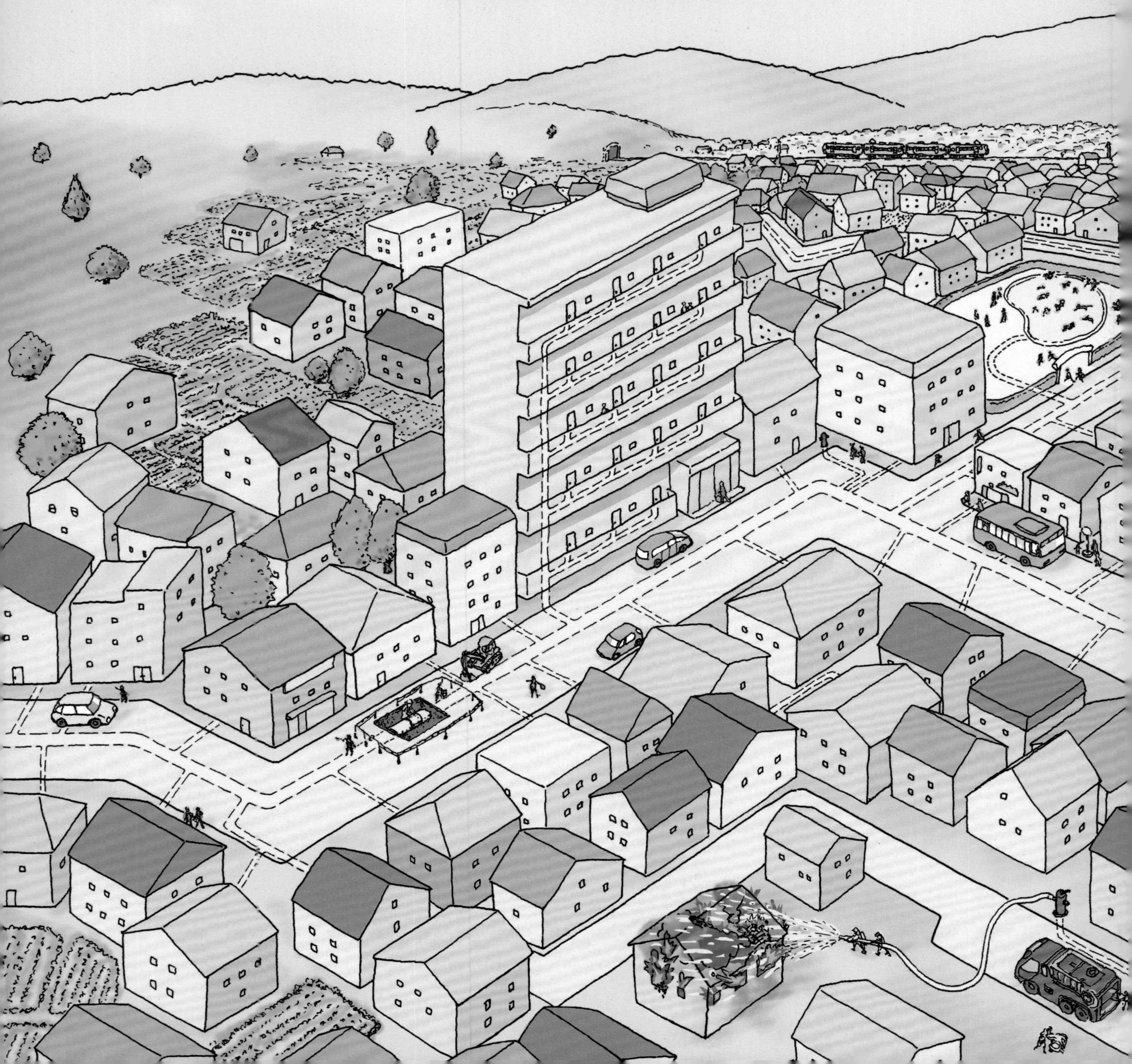

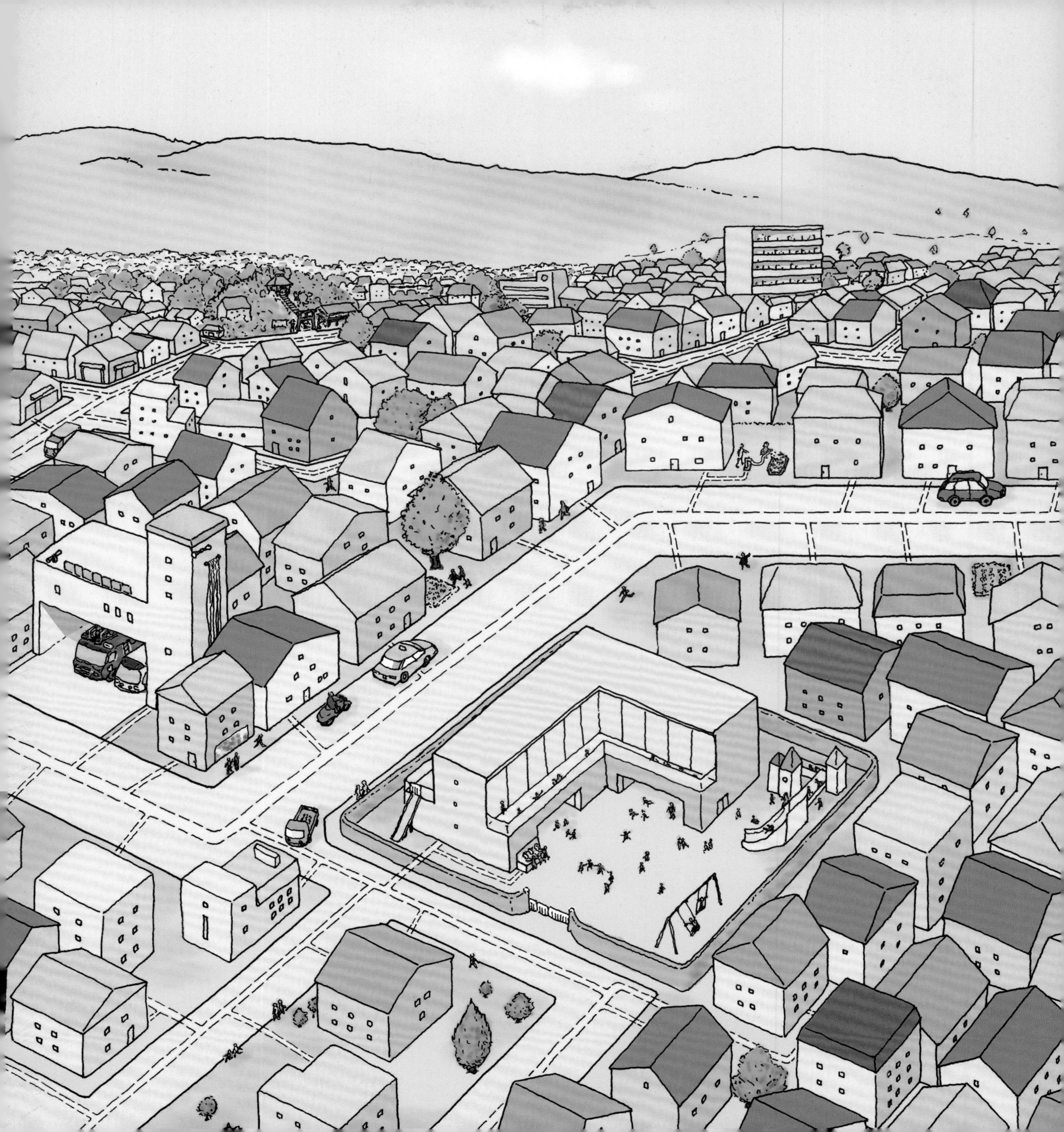

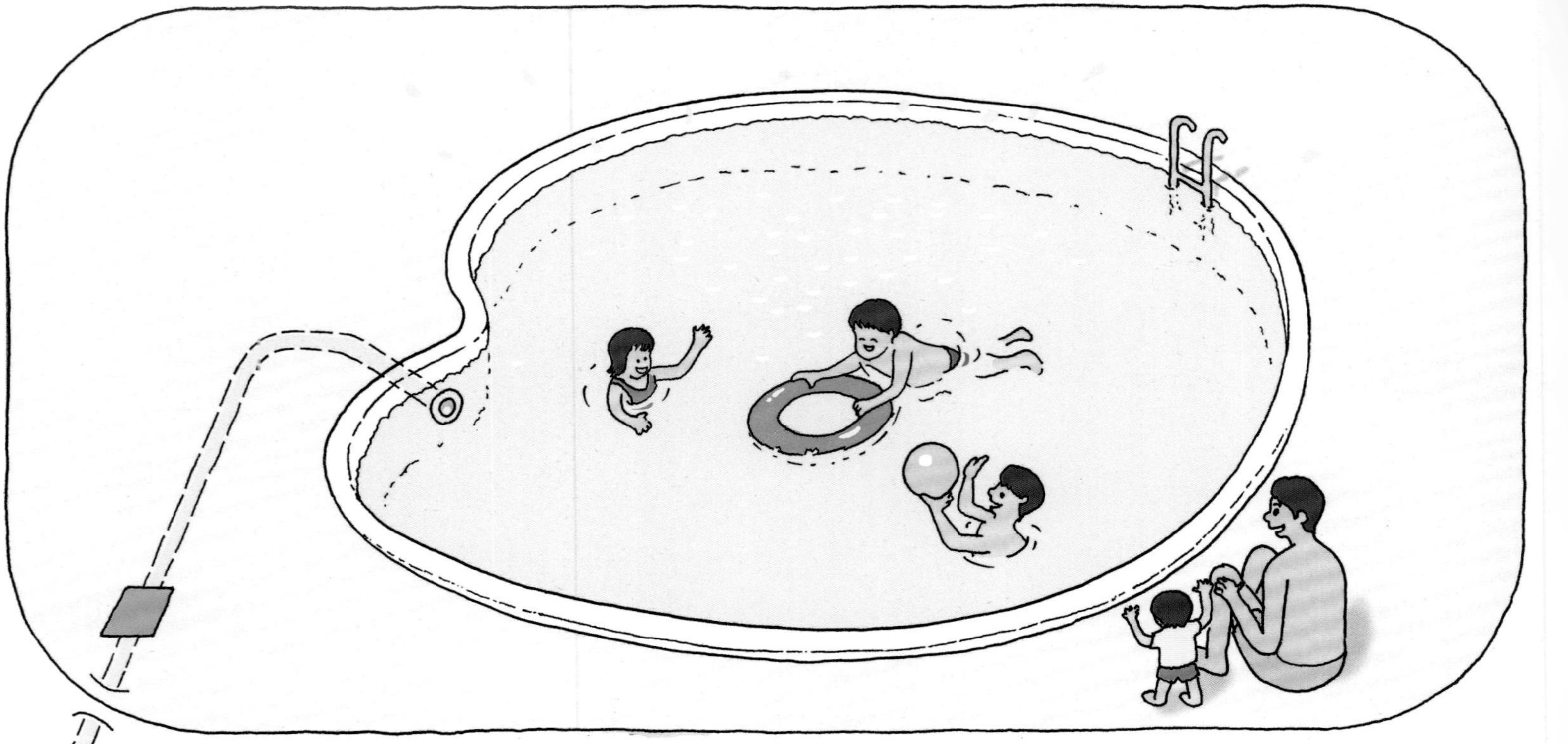

游泳池的水，是從自來水管流出來的。

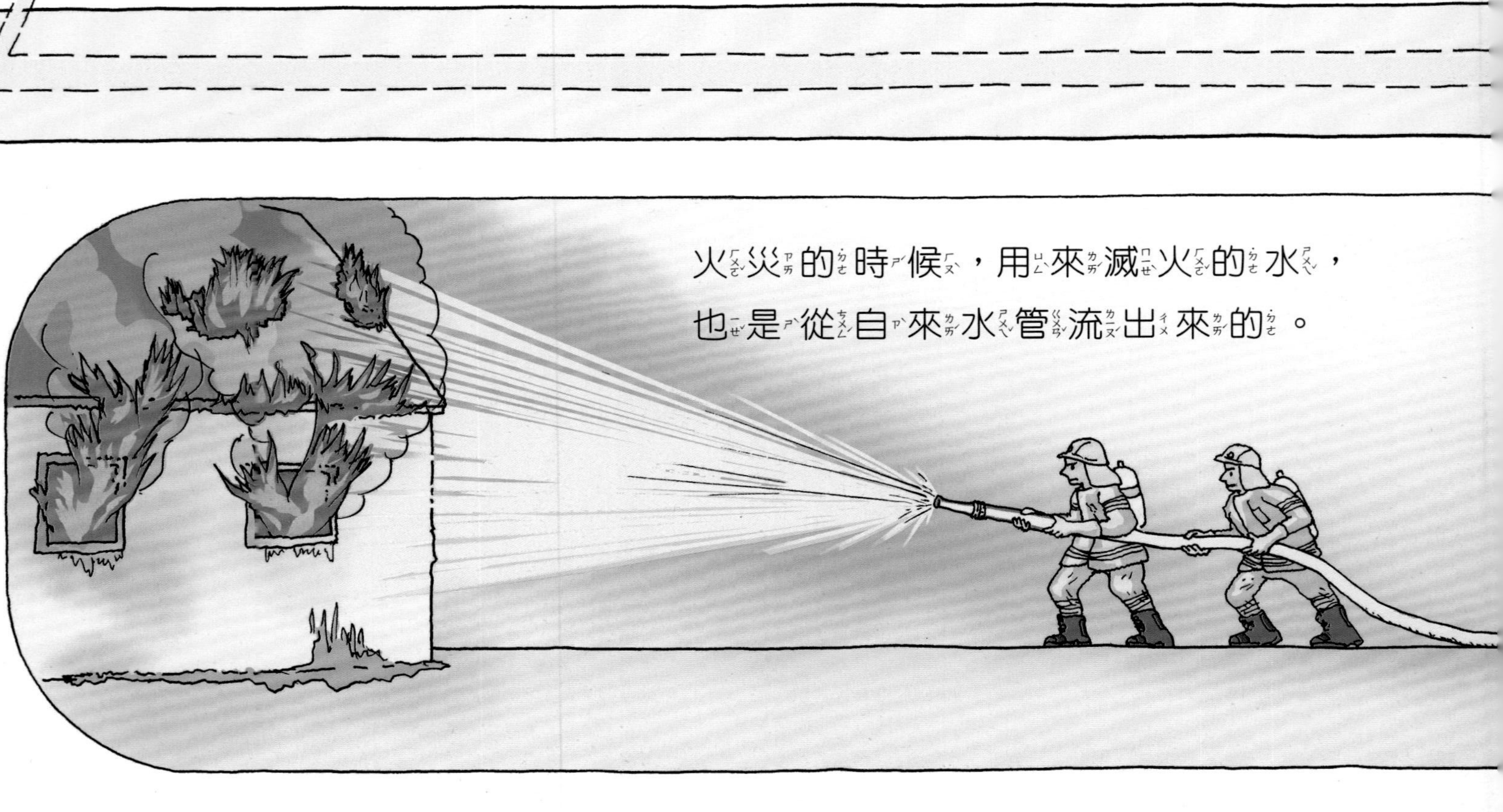

火災的時候，用來滅火的水，
也是從自來水管流出來的。

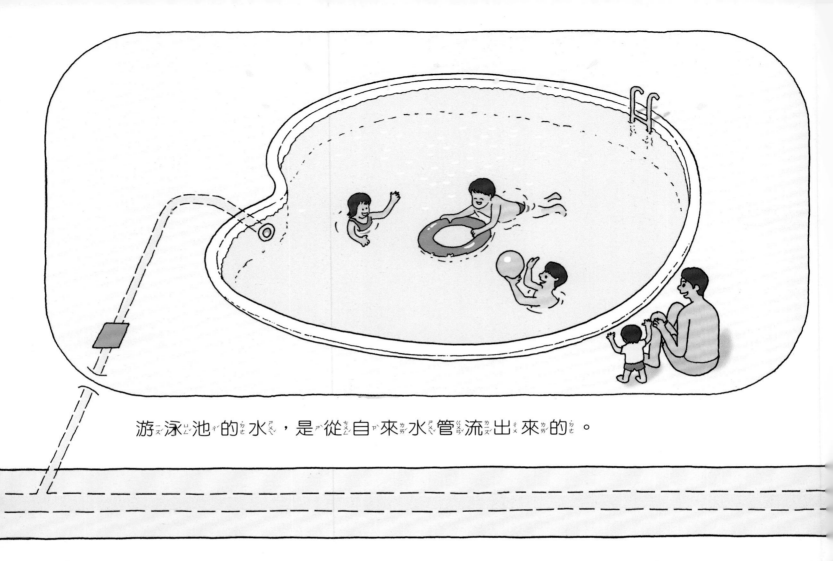

庭院澆花的水，是從自來水管流出來的。

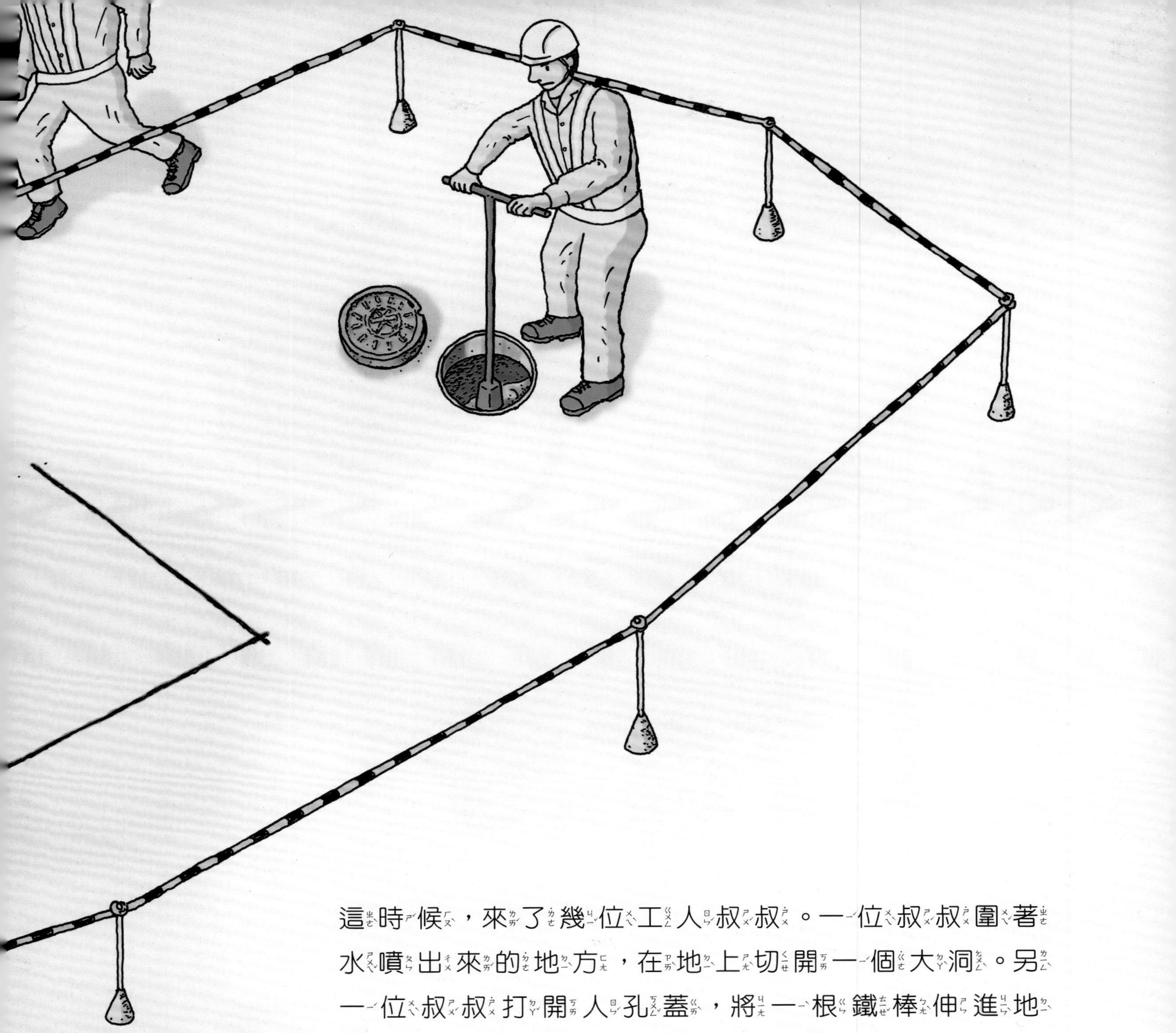

這時候，來了幾位工人叔叔。一位叔叔圍著水噴出來的地方，在地上切開一個大洞。另一位叔叔打開人孔蓋，將一根鐵棒伸進地下轉呀轉，噴出來的水就慢慢變小了。

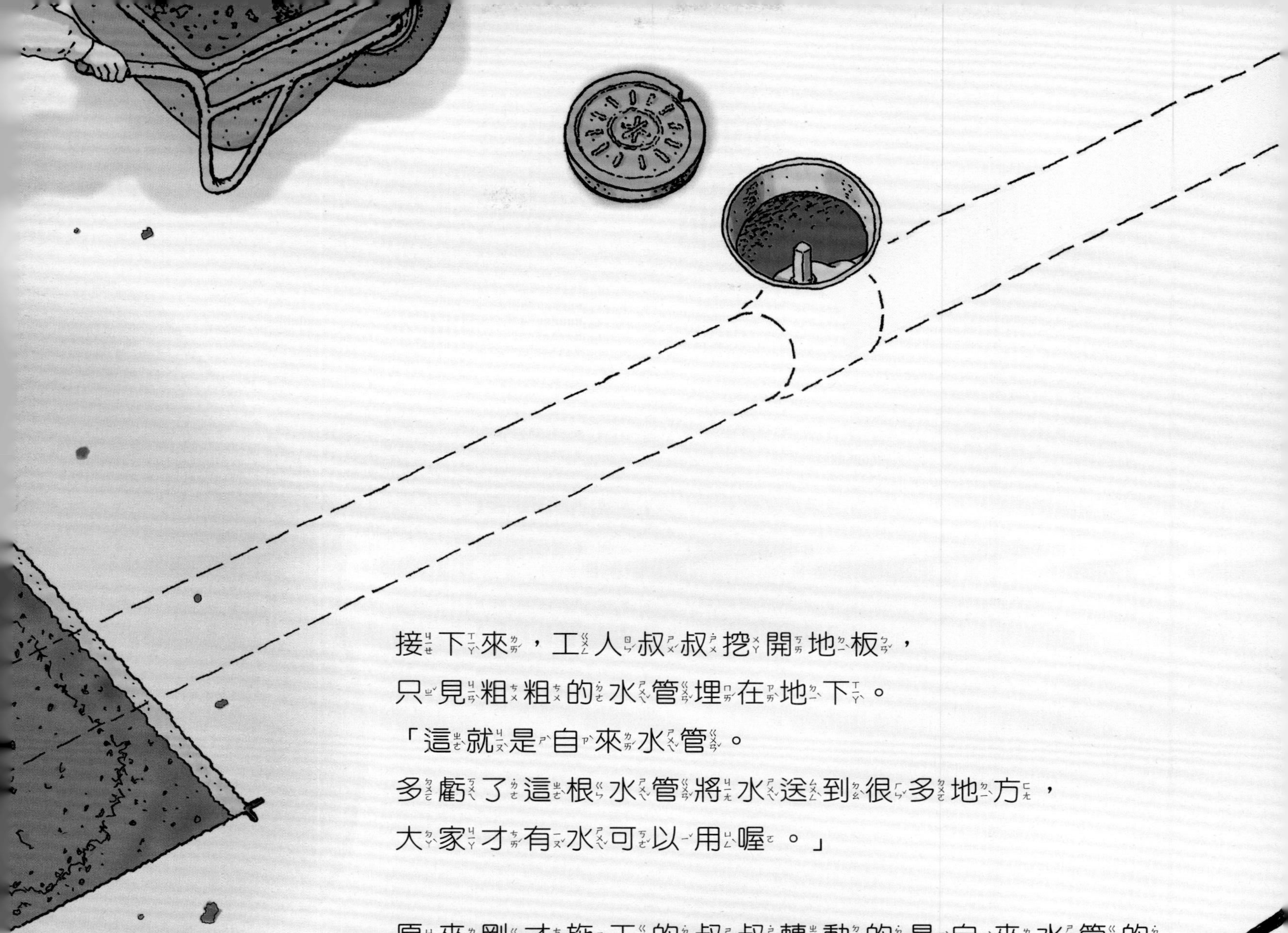

接下來，工人叔叔挖開地板，
只見粗粗的水管埋在地下。
「這就是自來水管。
多虧了這根水管將水送到很多地方，
大家才有水可以用喔。」

原來剛才施工的叔叔轉動的是自來水管的
止水栓，這麼一來，水就不會再從水管
破洞的地方漏出來，可以開始
修理自來水管了。

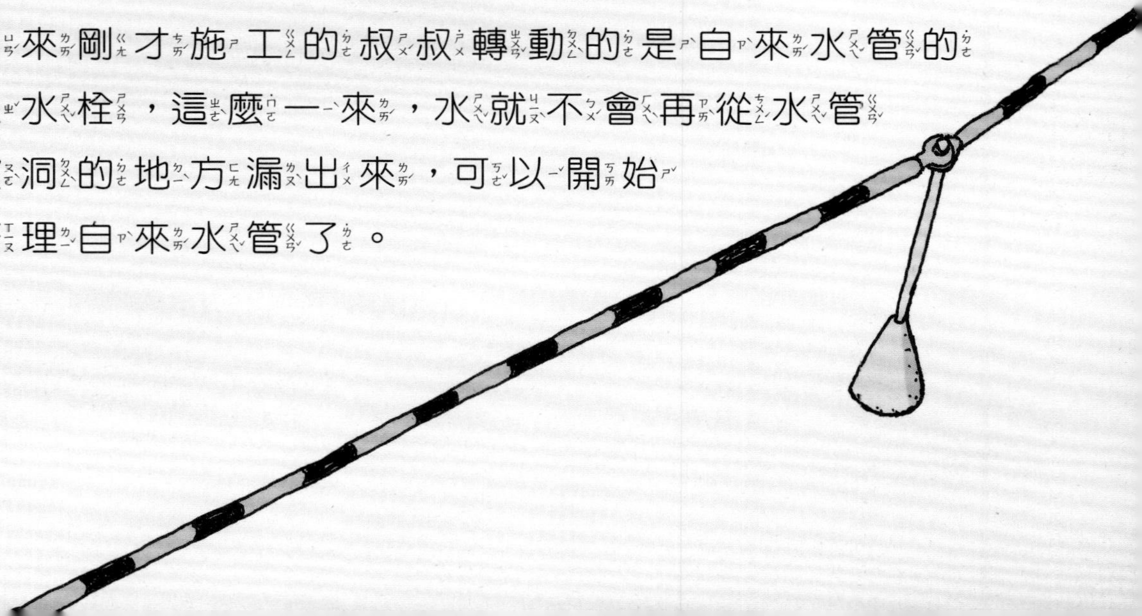

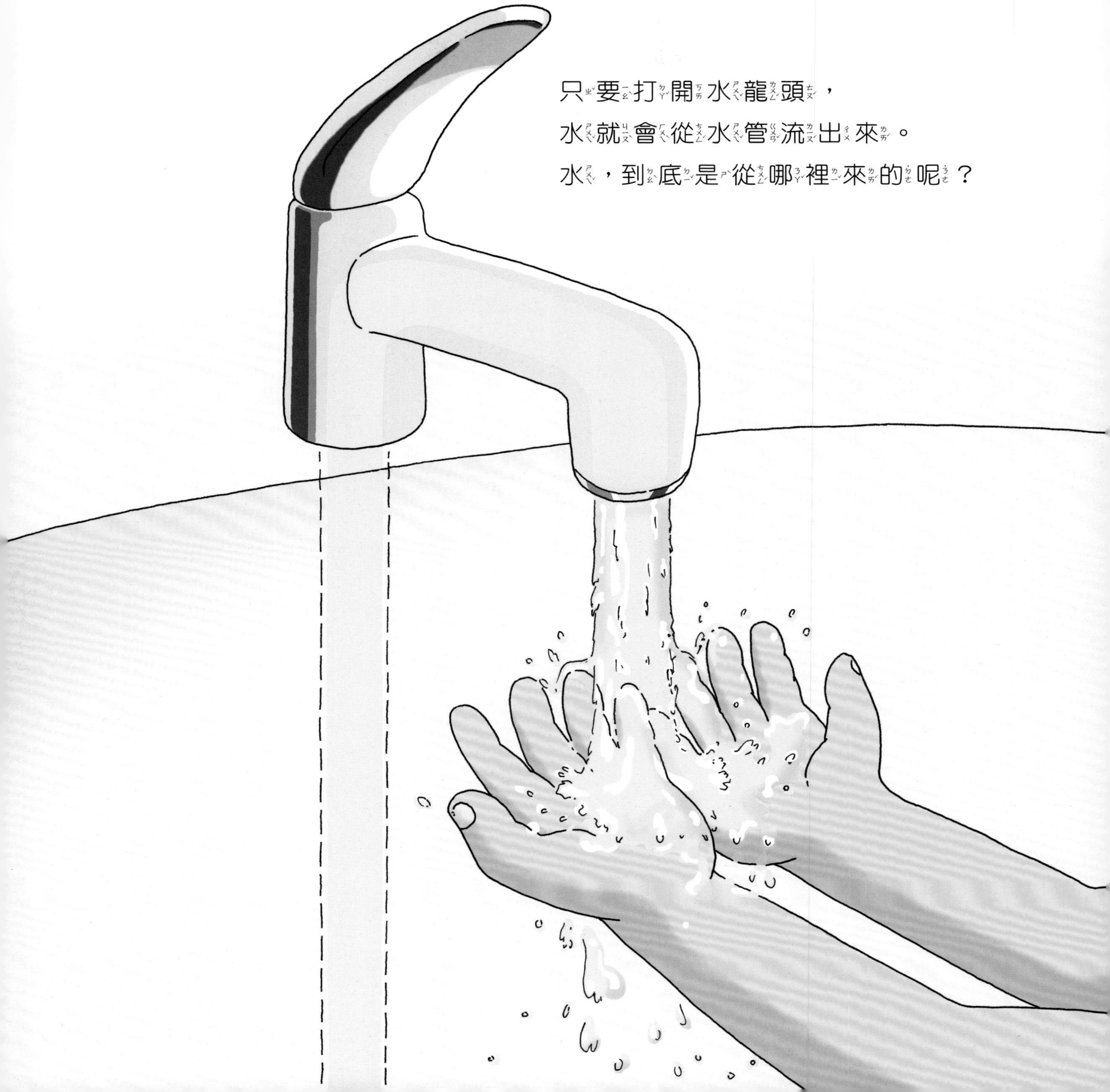

只要打開水龍頭，
水就會從水管流出來。
水，到底是從哪裡來的呢？

河水會流到淨水場，也就是將河水變乾淨的地方。在這裡處理過的水，通過自來水管流到城鎮裡，就可以讓大家使用了。

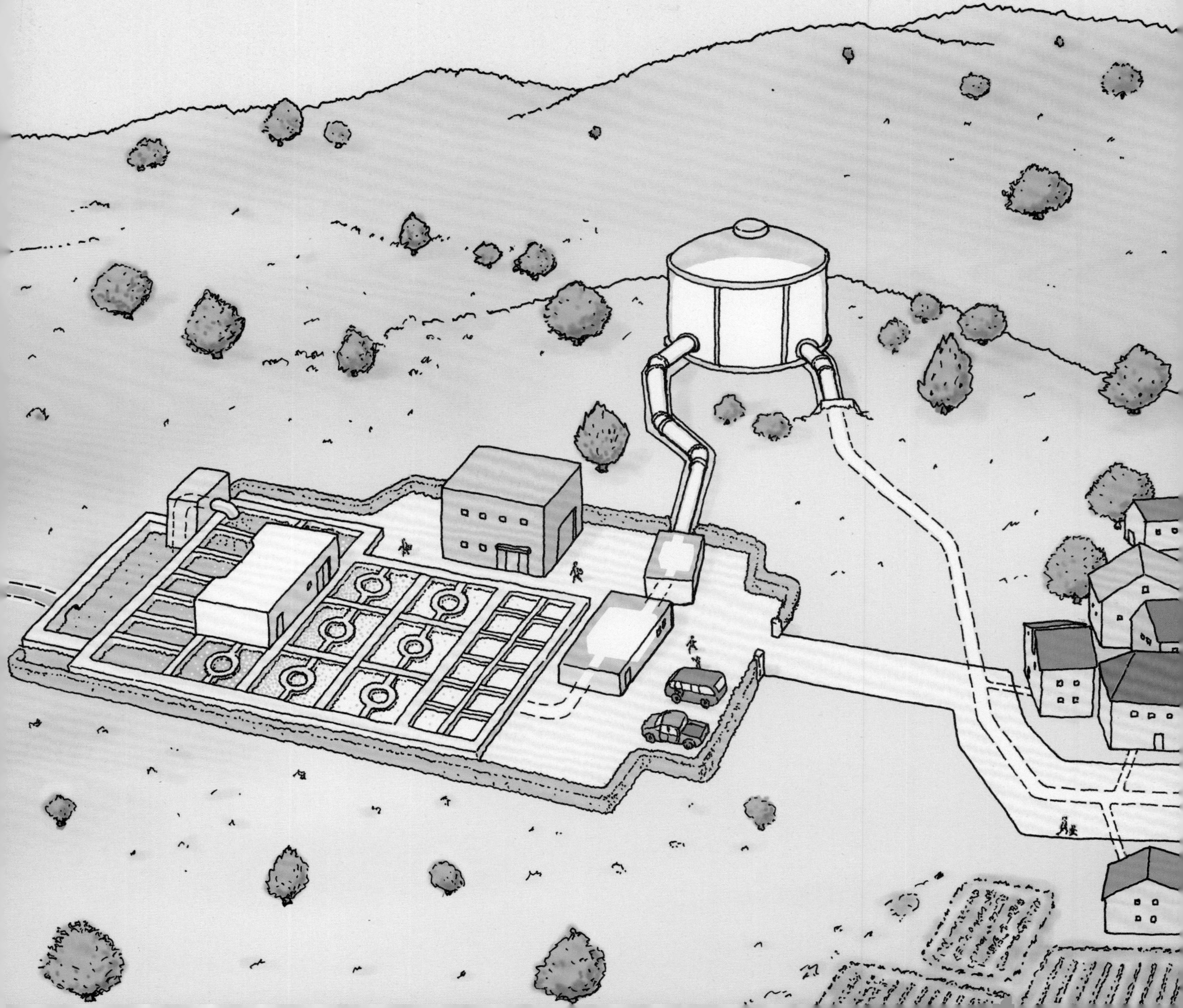

庭院澆花的水，是從自來水管流出來的。

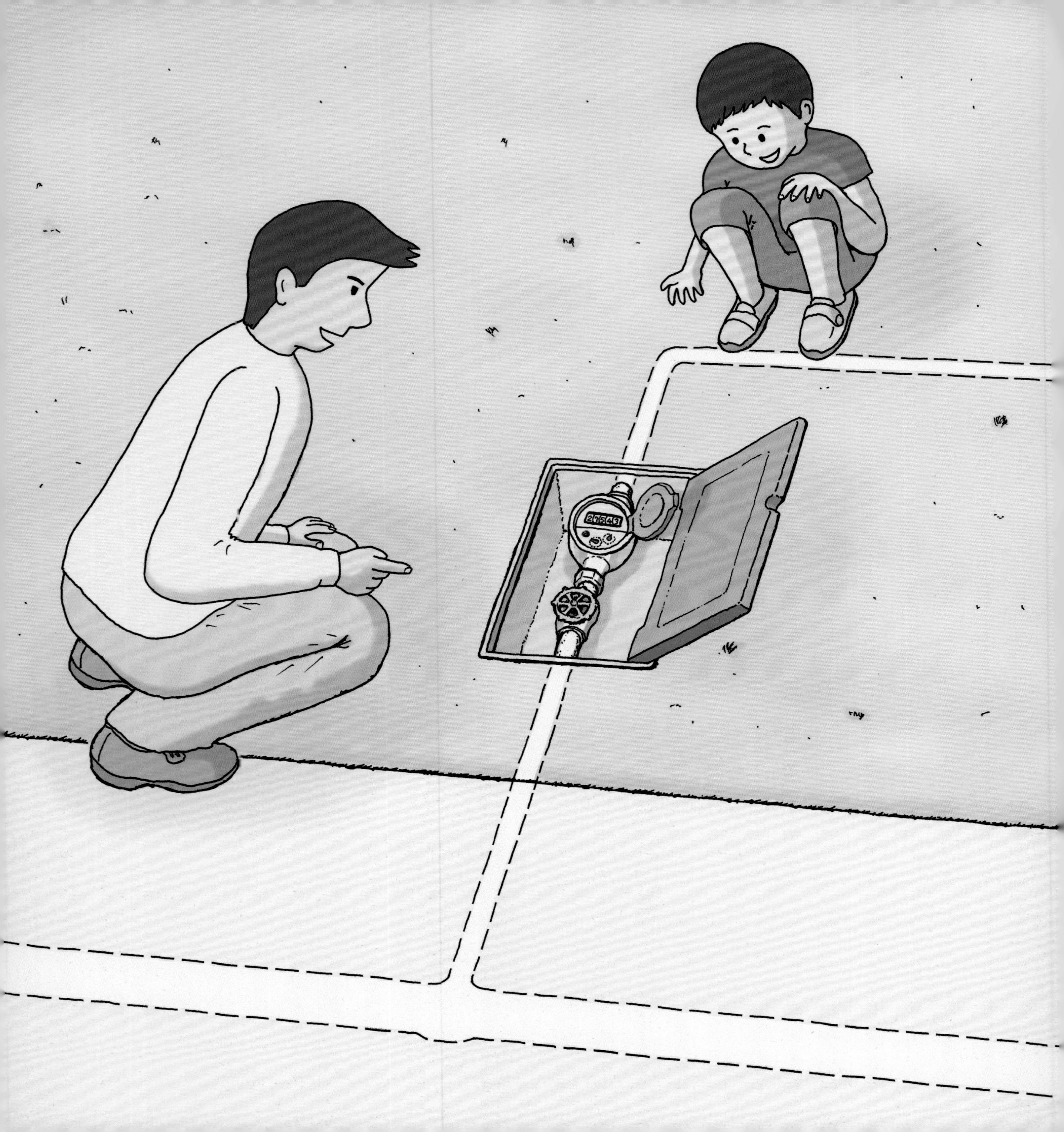
27543

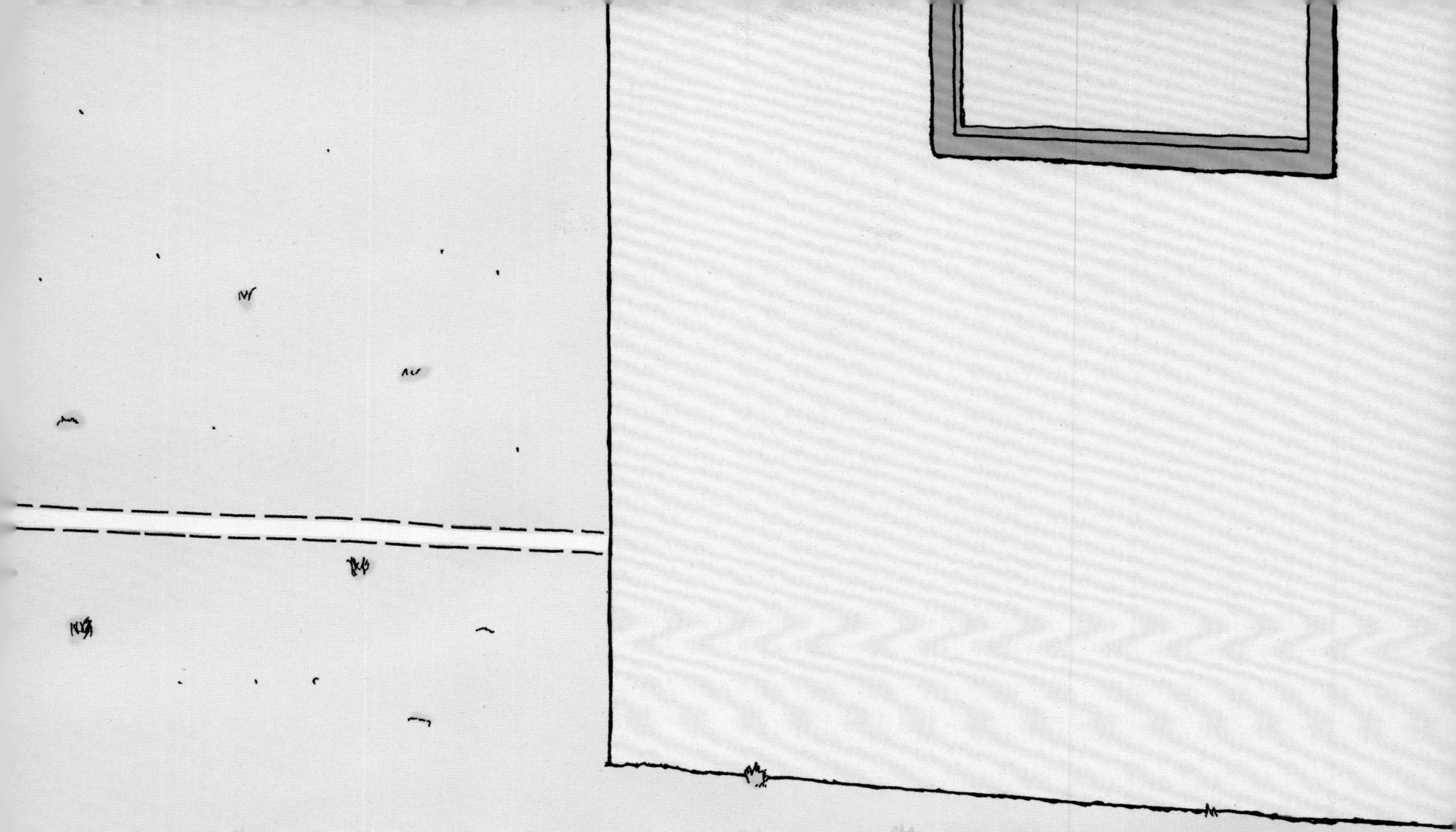

家門口的外面，地上有個蓋子。
打開來一看，裡面有個機關。
是自來水管的總開關，以及水表。
「這就是自來水進到家裡的入口喔。
家中用了多少水，從水表就看得出來。」

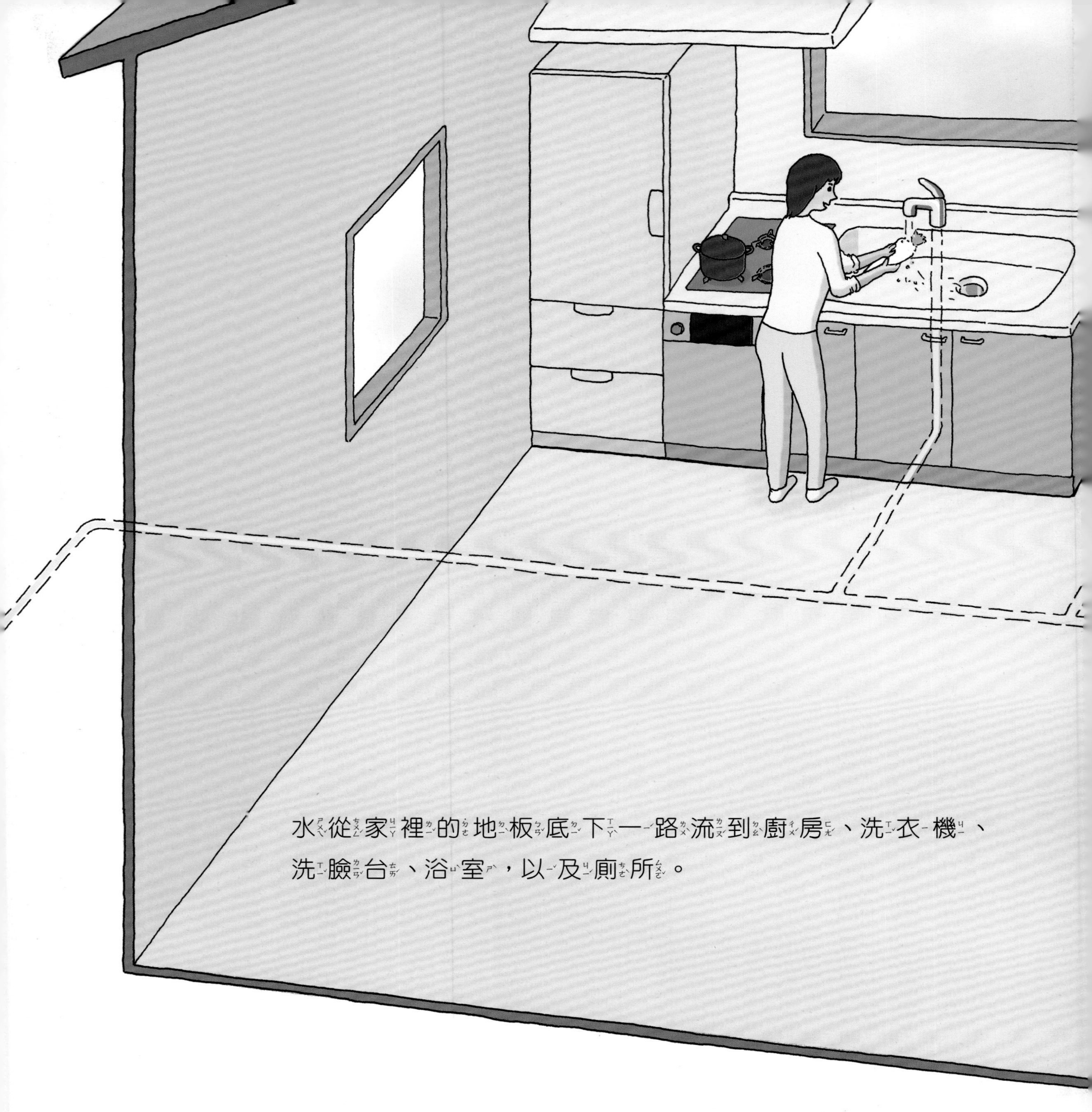

水從家裡的地板底下一路流到廚房、洗衣機、洗臉台、浴室，以及廁所。

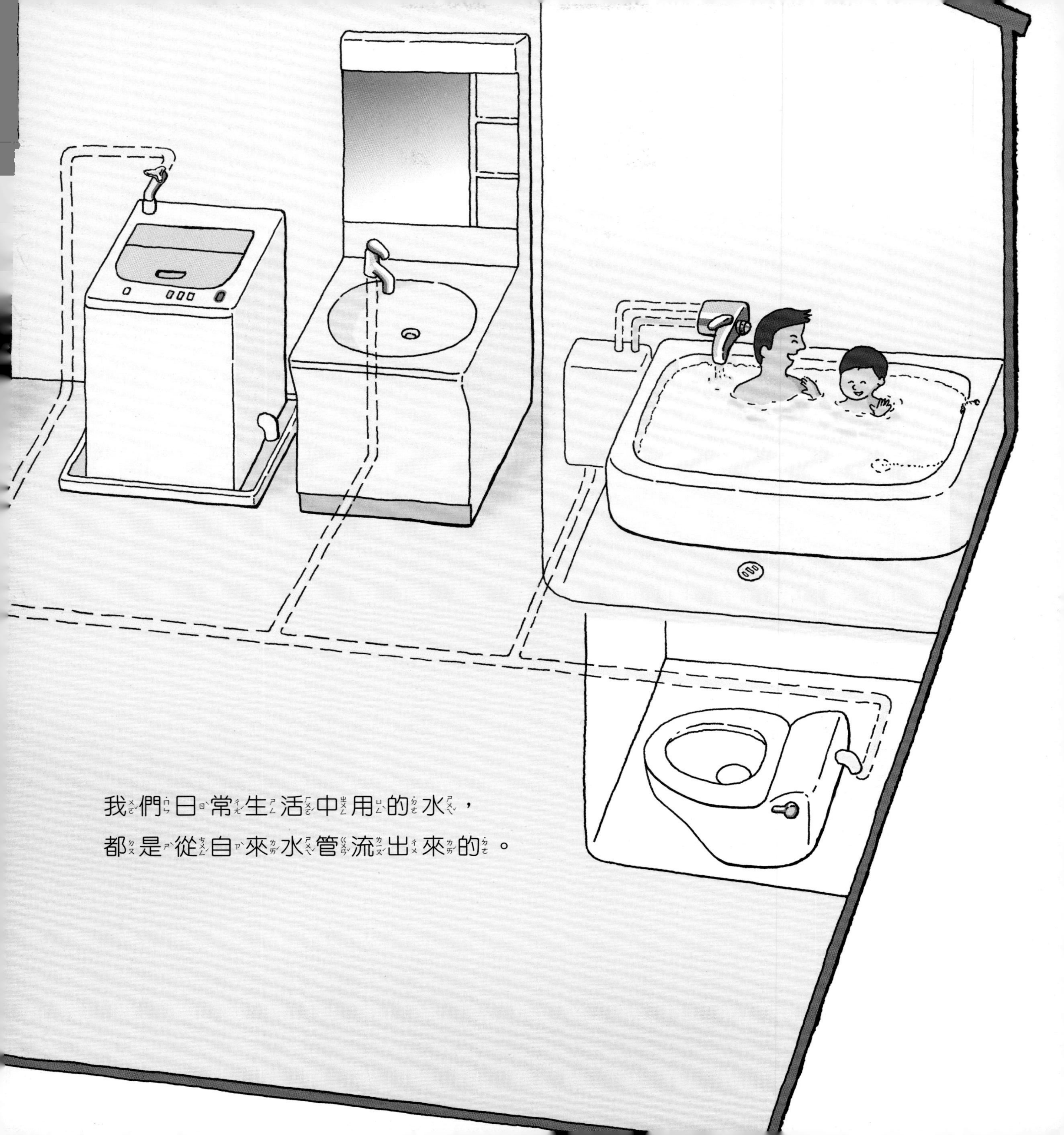

我們日常生活中用的水，
都是從自來水管流出來的。

洗碗過後的髒水，從排水孔流了出去。

水，又會流到哪裡去呢？

這些水稱作汙水，會從廚房流理台底下的水管流出去。

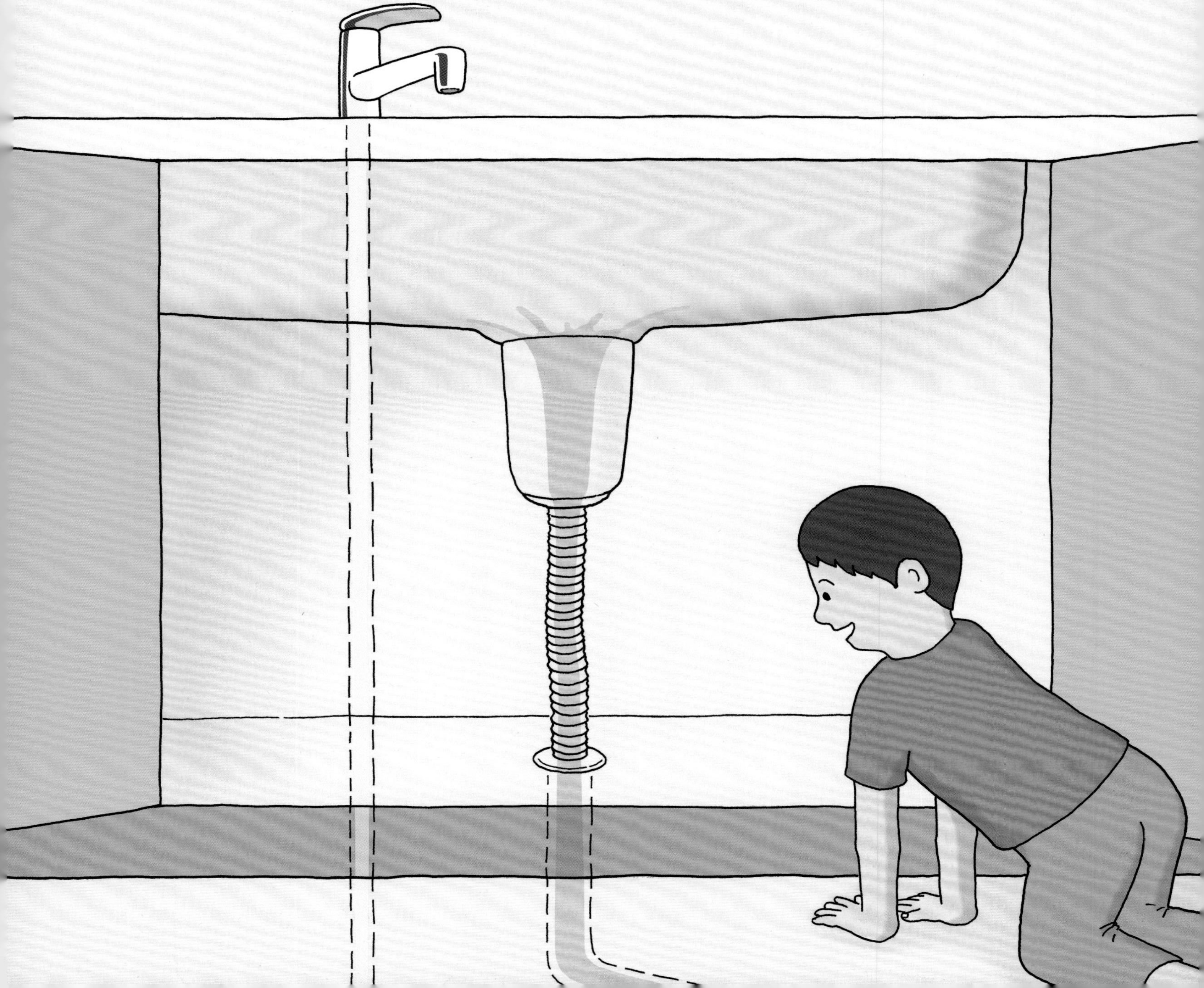

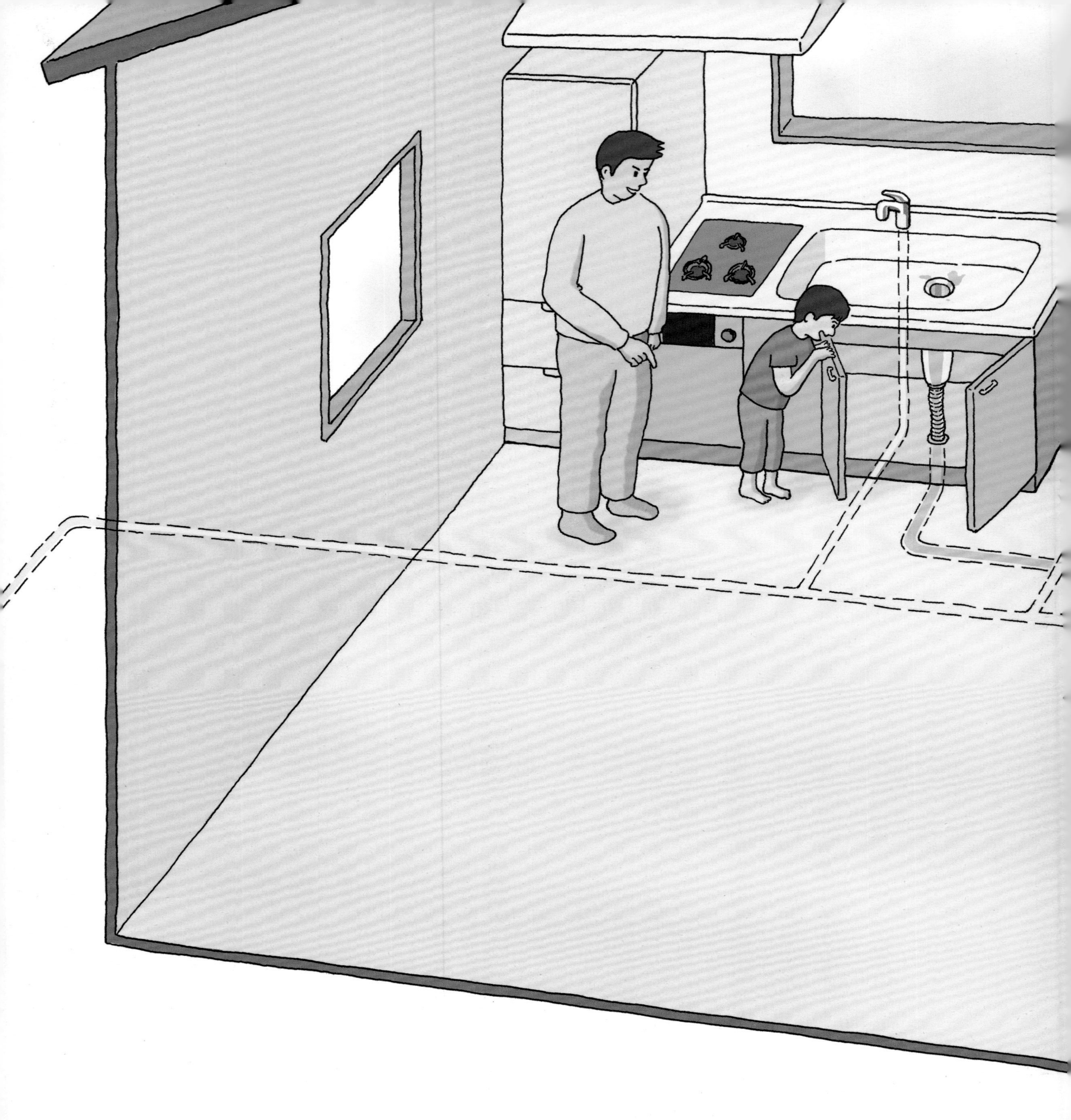

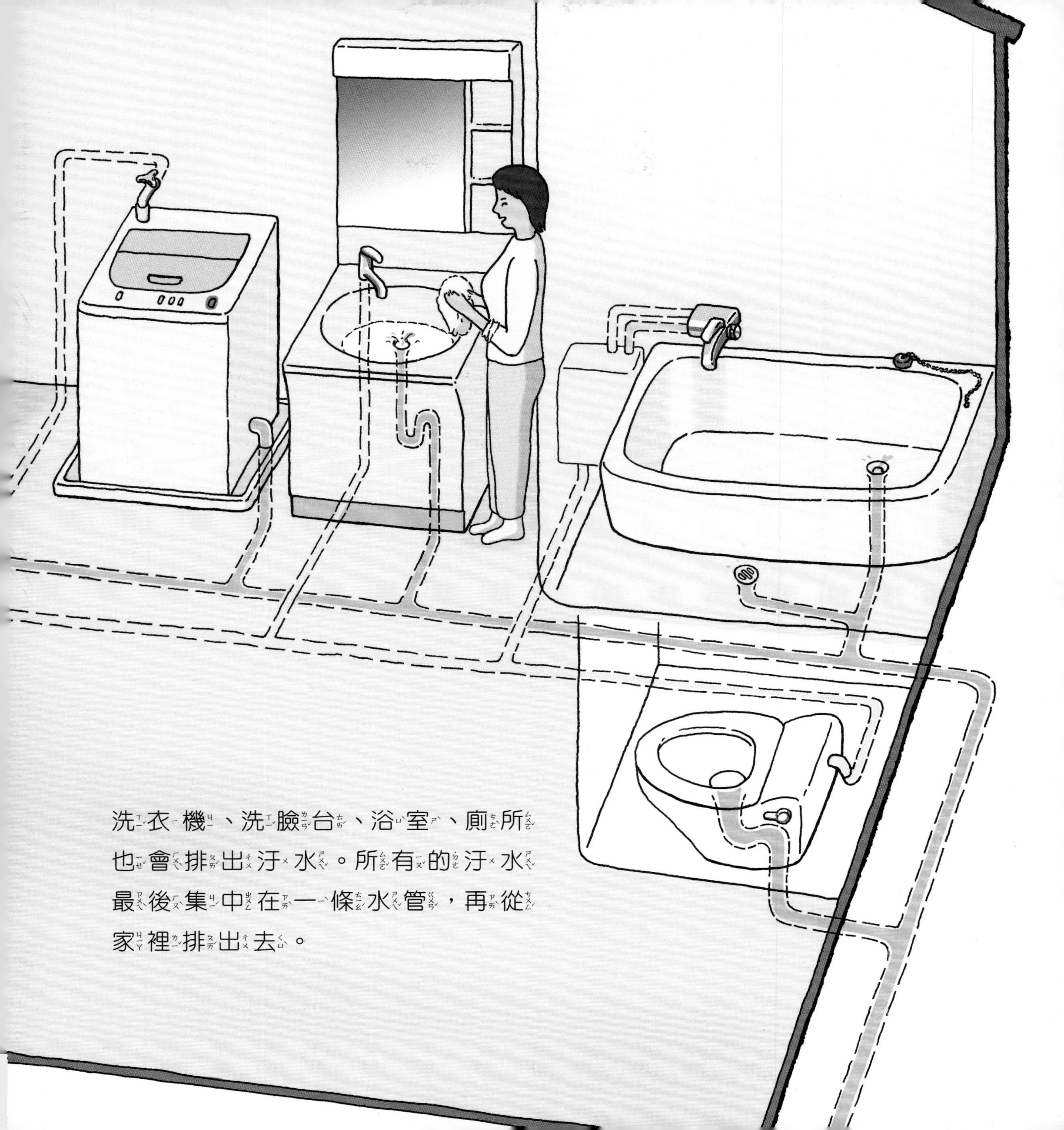

洗衣機、洗臉台、浴室、廁所也會排出汙水。所有的汙水最後集中在一條水管，再從家裡排出去。

從家裡排出去的汙水，會從地面下的汙水下水道流出去。

原來在地面下，埋了這麼多條自來水管和汙水下水道啊。

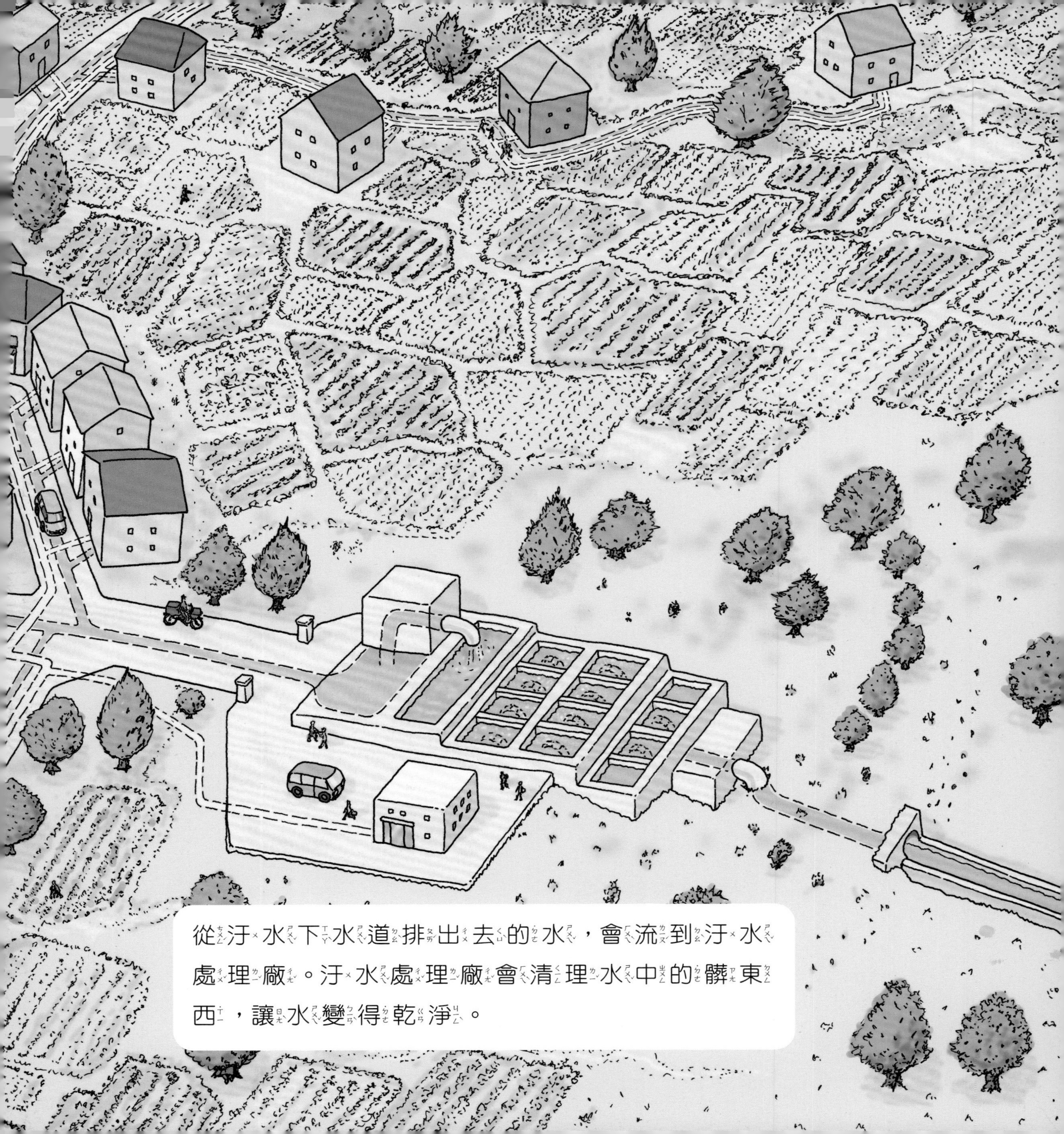

從汙水下水道排出去的水，會流到汙水處理廠。汙水處理廠會清理水中的髒東西，讓水變得乾淨。

汙水處理廠淨化過的水會排放到河川，
最後再流入海裡。

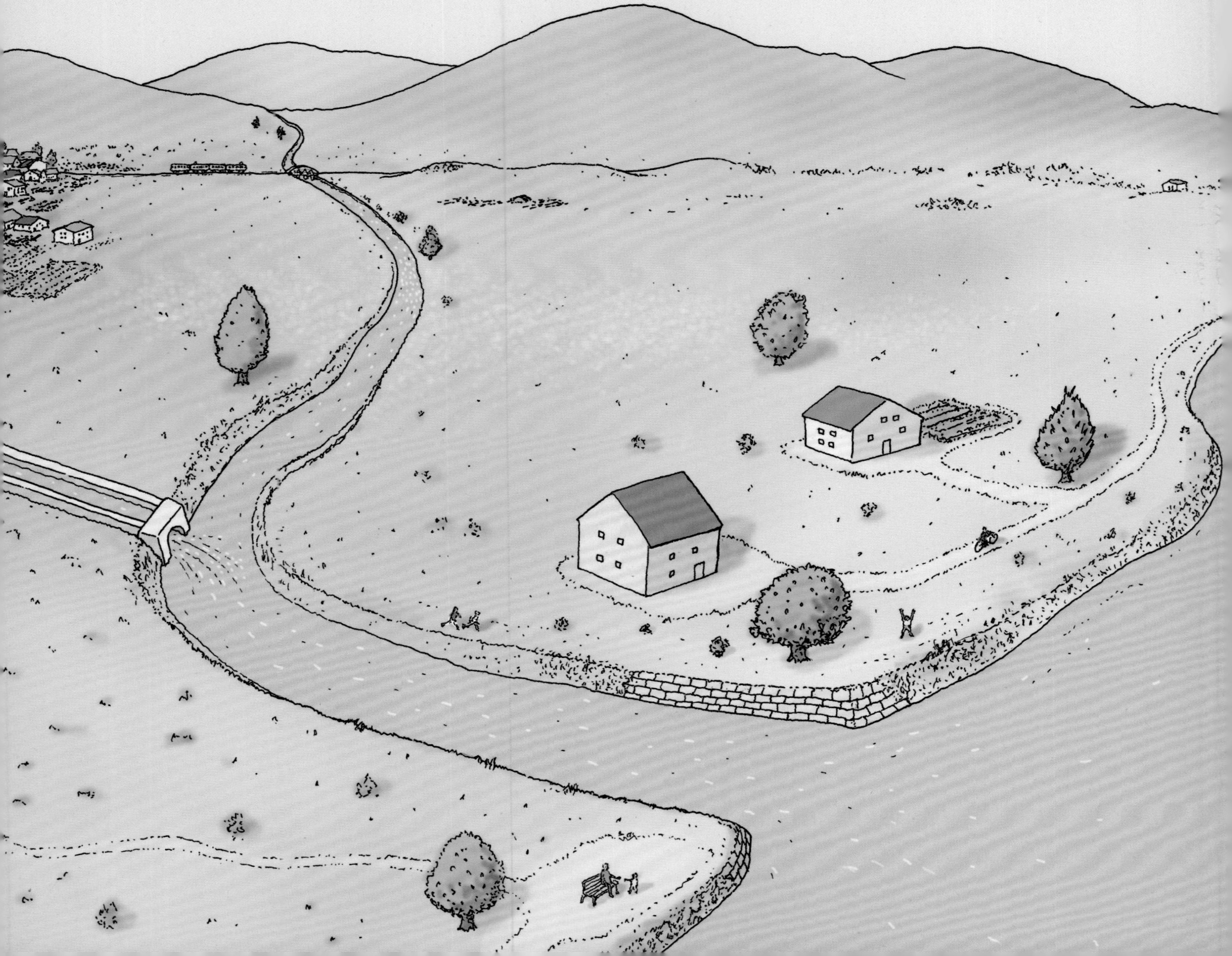

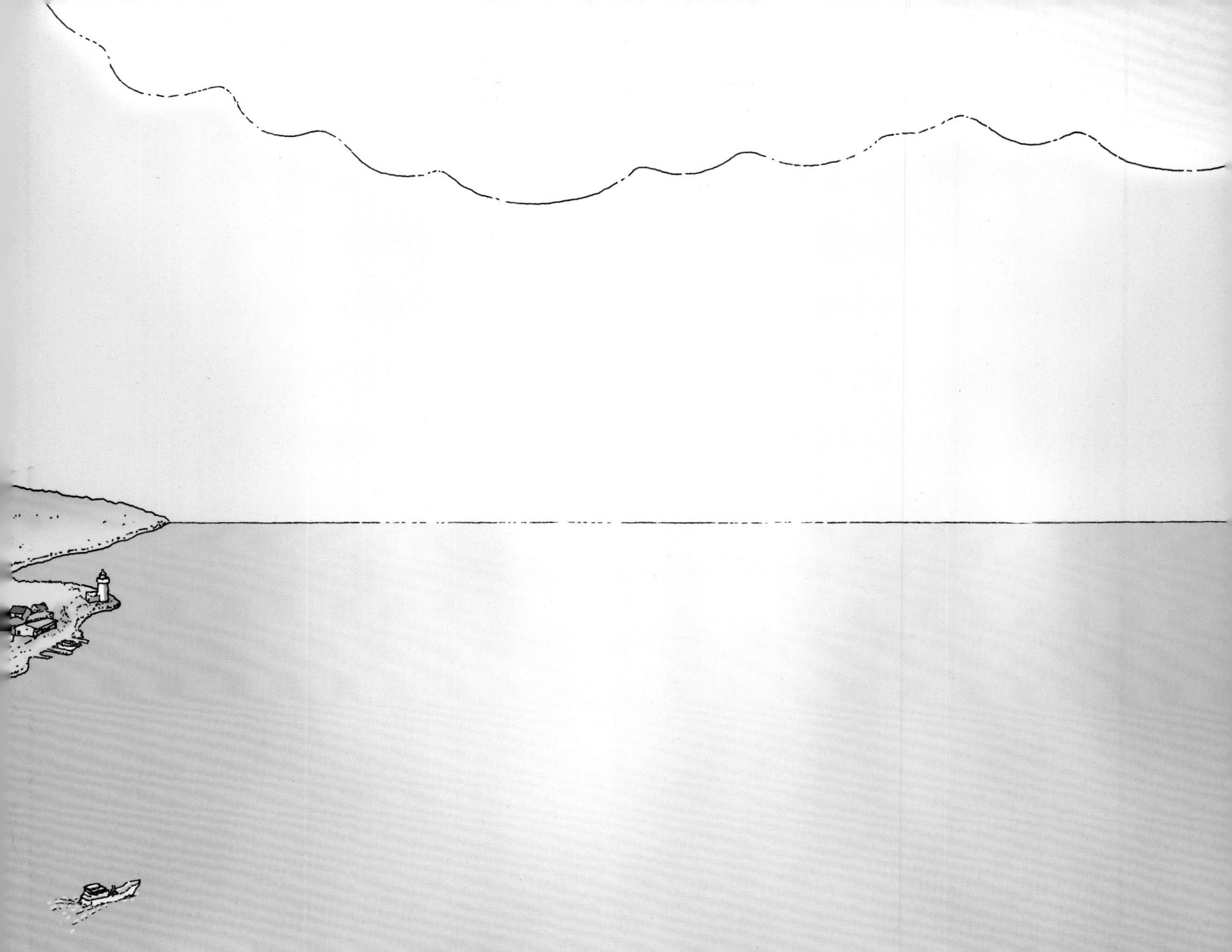

海水受到太陽照射，溫度上升，就會蒸發成很小很小的水珠。這些小水珠慢慢飄到天上後，就會形成雲朵。

小小水水珠珠集集結結成成雲雲朵朵之之後後，有有一一天天也也會會下下雨雨。
落落在在山山上上的的雨雨水水流流到到河河裡裡，接接著著成成為為自自來來水水，
最最後後又又流流到到了了我我們們生生活活的的地地方方。